Tariq Ahmad Bhat

Indústria da maçã no vale de Caxemira, com referência ao distrito de Shopian

Tariq Ahmad Bhat

Indústria da maçã no vale de Caxemira, com referência ao distrito de Shopian

ScienciaScripts

Cover image: www.ingimage.com

This book is a translation from the original published under ISBN 978-3-330-33077-1.

Publisher:
Sciencia Scripts
is a trademark of
Dodo Books Indian Ocean Ltd. and OmniScriptum S.R.L publishing group

120 High Road, East Finchley, London, N2 9ED, United Kingdom
Str. Armeneasca 28/1, office 1, Chisinau MD-2012, Republic of Moldova, Europe
Printed at: see last page
ISBN: 978-620-8-15192-8

Didicated to Parents & My Wife

ÍNDICE

Capítulo 1

Introdução

A horticultura ocupa um lugar muito importante no sector agrícola da economia indiana. Na Índia, são cultivados vários frutos que são exportados para diferentes países do mundo. A produção de maçãs é, contudo, a mais importante na Índia. Na Índia, as maçãs são cultivadas como cultura comercial nas regiões montanhosas. O fruto da macieira é cultivado principalmente no Estado de J&K. A produção de maçã é uma das principais fontes da economia do J&K. A cultura da maçã está a expandir-se rapidamente no J&K, uma vez que a maçã tem uma vantagem comparativa em relação a outras culturas que podem ser cultivadas em regiões montanhosas.

Em 2006-2007, foram produzidas cerca de 65 milhões de toneladas de maçãs em todo o mundo, num valor de cerca de 12 mil milhões de dólares. A China é o principal país produtor de maçãs, com cerca de 2,98 milhões de toneladas, ou seja, 35% da produção mundial total de maçãs. Os Estados Unidos são o segundo maior produtor, com cerca de 7,5% da produção total de maçãs, seguidos pela Polónia, Irão, Turquia, Itália e Índia. A quota da Índia na produção mundial é de apenas 2,05%, sendo que apenas 1,6% da produção do país é exportada. A Índia produz 1,98 milhões de toneladas de maçãs numa superfície de cerca de 2,7 lakh hectares. A área de cultivo de maçãs da Índia é a segunda maior do mundo, a seguir à China. O rendimento médio das maçãs na Índia é de 7,2 toneladas por hectare, o mais baixo dos grandes produtores mundiais.[1] A maior parte da produção da Índia provém do Estado de J&K, que representa 67,1% da produção total de maçãs. Em 2008-2009, a produção por hectare foi de 10,0 toneladas, o que é superior à média nacional (NHDB).

Na mitologia grega e romana, a maçã era considerada um símbolo do amor e da beleza. A maçã é um fruto redondo e doce com um núcleo central que contém as sementes, enquanto a maior parte do fruto tem polpa comestível e é coberta por uma pele fina também comestível. A maçã contém vitaminas como a vitamina C, beta-caroteno, ferro e potássio. A maçã é boa para tratar a anemia, a disenteria, as doenças cardíacas, as dores de cabeça, as doenças dos olhos e os cálculos renais, e promove a força e a vitalidade.[2]

A maçã pertence à família das rosáceas, no género Mulus: a maçã nativa é a Mulus. A origem genética da maçã é ainda controversa, mas é provável que tenha tido origem na Europa Oriental e no Sudoeste Asiático, em torno dos mares Negro e Cáspio. Na Índia, a maçã foi introduzida em 1865 pelos britânicos no vale de Kullu, no estado Himalaia de Himachal Pradesh. A horticultura é uma atividade económica antiga no Estado de J&K. Kalhana, o grande historiador da Caxemira, mencionou a fruticultura na Caxemira no seu famoso livro "Rajtarangini", durante o reinado do rei Nara, já no ano 1000 a.C.[3]

Atualmente, as maçãs são cultivadas naturalmente em todas as regiões temperadas e subtropicais, a altitudes entre os 4.000 e os 11.000 pés acima do nível do mar. A temperatura durante o período de crescimento é de 21° a 24° C. As macieiras necessitam de 114 cm de água por ano, o que pode ser planeado em 15-20 regas. [4]No verão, as regas são espaçadas de 7 a 10 dias.

Os solos adequados para a cultura da maçã são argilosos, ricos em matéria orgânica, com um pH de 5,5 a 6,5 e bem drenados. Na Índia, apenas alguns estados são adequados para a cultura da maçã. Trata-se dos estados montanhosos do norte da Índia, como Himachal Pradesh, J&K, Uttarankhand e Nagaland.[5]

A produção de maçãs no Vale de Caxemira aumentou de 10,98 lakh toneladas métricas em 2004-05 para 13,84 lakh toneladas métricas em 2009-10. A produção por hectare ou rendimento médio no vale de Caxemira foi de 10,94 toneladas métricas em 2004-05, tendo aumentado para 11,2 toneladas métricas em 2009-10. As maçãs são cultivadas em todos os distritos do vale de Caxemira. Baramulla, Shopian, Pulwama, Budgam, Anantnag, Kulgam, etc. são responsáveis pela maior parte da produção de maçãs.

No 11.º plano quinquenal para o ano de 2008-09, foi atribuído um montante de

5796,49 milhões de rúpias ao sector da horticultura, tanto no âmbito dos orçamentos previstos como não previstos. O montante para o ano de 2009-10 foi de Rs 7929,18 lakh, gasto para o desenvolvimento da horticultura no Estado. Os principais objectivos do 11.º plano de horticultura são os seguintes

- O potencial de produção de maçãs, atualmente de 10,27 toneladas, deverá ser aumentado para 14,00 toneladas por hectare, graças à introdução de tecnologias avançadas.
- O potencial de produção de frutos, que atualmente é de 16,91 lakh toneladas, deverá ser aumentado para 20,00 lakh toneladas por ano.
- Potencial de alargamento das zonas de cultivo da maçã.
- Desenvolvimento dos recursos humanos nos sectores público e privado.
- Desenvolver ligações com o mercado e criar valor.
- Criação de uma infraestrutura de irrigação adequada.
- Promoção, introdução e cultivo de novas variedades de maçã.
- Rejuvenescimento de pomares antigos e envelhecidos.
- Normalização dos rizomas de macieira existentes com densidade de plantação normal.
- Recenseamento/seleção/identificação dos produtores adaptados ao tipo para posterior multiplicação.

O distrito de Shopian é famoso pela cultura da maçã, com 70% da sua área plantada com macieiras e mais de 80% da sua população direta ou indiretamente dependente da cultura da maçã. O distrito é conhecido pelas maçãs de melhor qualidade do mundo, que se distinguem pelo seu sumo, cor, sabor, conservação e crocância. O distrito ganha mais de 53 milhões de rupias todos os anos com a cultura da maçã.

As maçãs são cultivadas e consumidas em todo o mundo. Parte da produção é consumida fresca e uma pequena parte é transformada em sumo, geleias, fatias e outros doces.

Segundo capítulo

Análise macroeconómica do sector da Apple

Cenário global

As maçãs crescem facilmente em todas as zonas climáticas temperadas. No entanto, a produção comercial de maçãs está cada vez mais concentrada em países e regiões de cultivo que têm uma forte vantagem comparativa na produção e comercialização de maçãs.

A produção mundial de maçãs tem registado uma tendência de crescimento a longo prazo desde a Segunda Guerra Mundial. A taxa de crescimento abrandou na década de 1980, mas aumentou na década de 1990, graças a um único fator: a expansão fenomenal da produção na China. No início dos anos 90, a produção chinesa de maçãs era de cerca de 4 milhões de toneladas. No final da década, tinha mais do que quintuplicado. Desde meados dos anos 80, a China tem sido responsável por todo o aumento da área mundial de cultivo de maçãs. Durante a década de 1990, a superfície consagrada à cultura da maçã diminuiu no resto do mundo. No entanto, o aumento da produção na maioria dos países deve-se principalmente a métodos de produção mais intensivos e não a um aumento líquido significativo da superfície cultivada.[1]

Em 2008-2009, a área mundial cultivada com maçãs era de cerca de 4,8 lakh hectares. De acordo com o Relatório Mundial da Maçã de 2009, a produção mundial total de maçãs é de 69 milhões de toneladas por ano (quadro 2.1).

A China é o principal contribuinte ou o principal país produtor de maçãs, tanto em termos de área cultivada como de produção. A China produziu 2,98 milhões de toneladas, ou seja, 42,89% da produção mundial total de maçãs,

com 20 lakh árvores, ou seja, 41,16% da superfície total de maçãs do mundo.

Quadro 2.1: Produção, produtividade e superfície mundiais de maçãs - 2008-09

País	Superfície em hectares	Percentagem da superfície mundial	Produção toneladas métricas	% da produção mundial	Produtividade (MT/Ha)
China	2000466	41.16	29851163	42.89	14.9
ESTADOS UNIDOS	141676	2.91	4431280	6.36	31.3
Polónia	171963	3.53	2830870	4.06	16.5
Irão	202000	4.15	2660000	3.82	13.8
Turquia	158400	3.25	2504490	3.59	15.8
Itália	54642	1.12	2208227	3.17	40.4
Índia	274000	5.63	1985000	2.85	7.2
França	52200	1.07	1940200	2.78	37.2
Rússia Fed	243000	4.99	1467000	2.10	6.0
Chile	35000	0.72	1370000	1.96	39.1
Outros	1526663	31.42	18409010	26.45	12.05
Total	4860010		69587240		14.31

fonte: World Apple Review - 2009

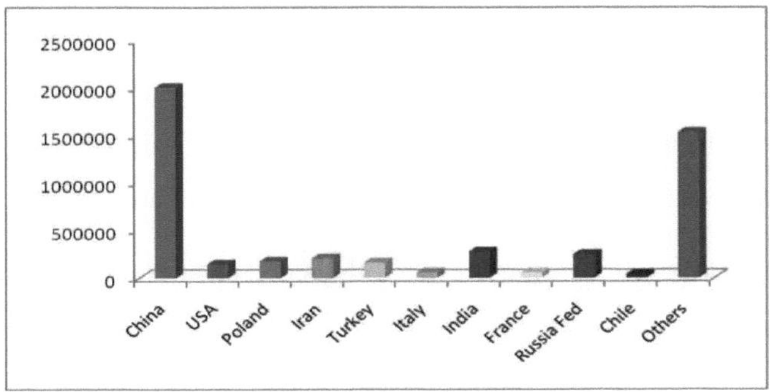

Figura - 2.1 Superfície cultivada com maçãs (hectares)

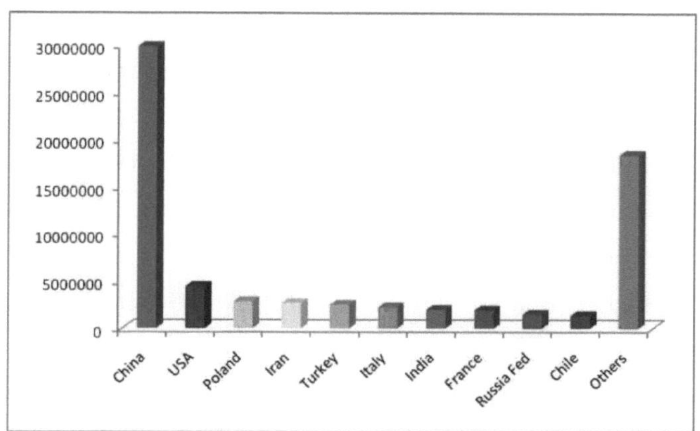

Figura -2.2 Produção de maçãs (em toneladas)

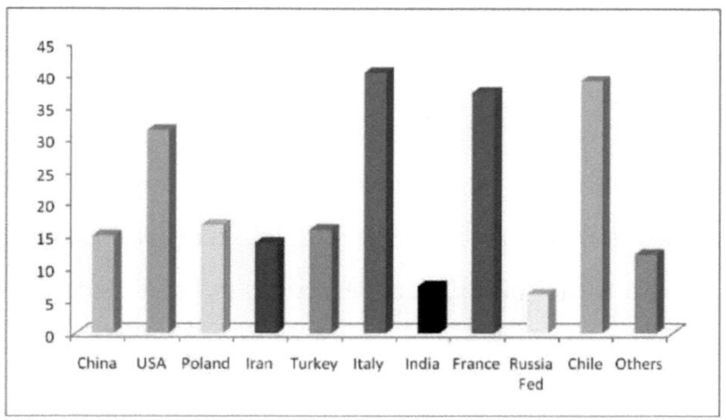

Figura -2.3 Produtividade da maçã (MT/Ha)

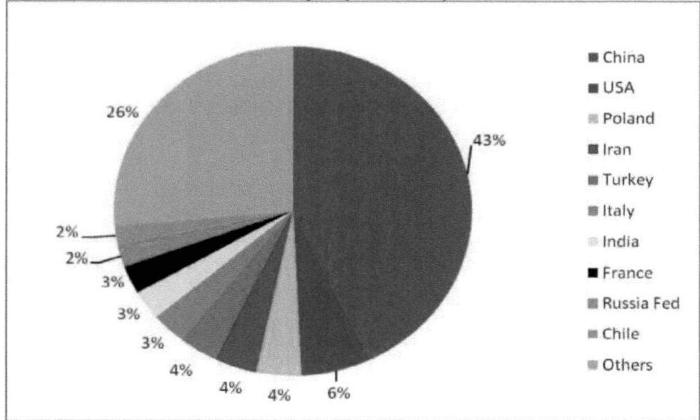

Figura 2.4 Percentagem da produção mundial de maçãs

Os Estados Unidos são o segundo maior produtor mundial de maçãs, com uma produção de 44 lakh toneladas métricas e uma área cultivada de 1,41 lakh toneladas métricas. A produção por hectare é de 31,3 toneladas nos Estados Unidos. Para além da China e dos Estados Unidos, os maiores produtores de maçãs são a Polónia, o Irão, a Turquia e a Itália. A produção nestes países é de 28 lakh toneladas métricas, 26 lakh toneladas métricas, 25 lakh toneladas métricas e 22 lakh toneladas métricas, respetivamente, e a área cultivada com maçãs nestes países é de 1,7 lakh, 2,0 lakh, 1,5 lakh e 54 mil. A produtividade média mundial é mais elevada em Itália, com 40,4 toneladas por hectare. A Índia é o segundo maior país produtor de maçãs do mundo, mas a sua produção continua a ser satisfatória. A Índia tem 27 lakh hectares de macieiras, mas produz apenas 19 lakh toneladas, com uma produção média de maçã por hectare de 7,2 toneladas, o nível mais baixo entre os principais países produtores de maçã do mundo.

Os factores que contribuem para a baixa produção de maçãs na Índia incluem grandes áreas plantadas com rebentos jovens, locais de plantação desfavoráveis em termos de exposição, clima, declive e solo, má qualidade do material de plantação, má gestão dos pomares, stress hídrico, riscos climáticos, má gestão no passado, etc.[2]

Os principais países exportadores e importadores de maçãs do mundo são apresentados no quadro 2.2.

Quadro 2.2: Países exportadores e importadores de maçã no mundo - 2009

Exportação		Importação	
País	Produção (MT)	País	Produção (MT)
China	1171805	Rússia Frideração	1155000
Itália	728,699	Alemanha	622564
Chile	674,922	REINO UNIDO	455644
EUA	806,817	Países Baixos	345,915

França	604,773	Espanha	238712

Fonte: World apple review-2010.

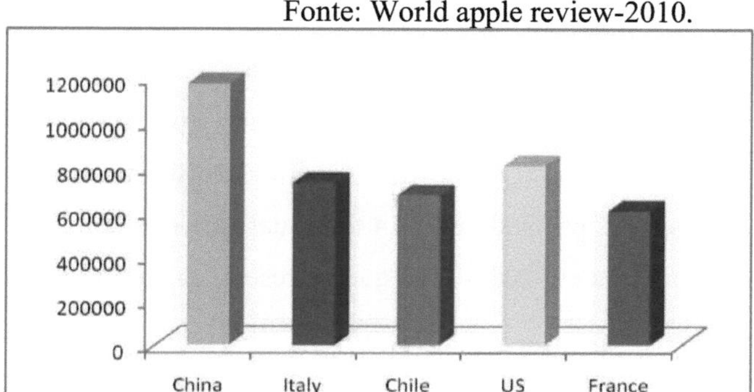

Figura - 2.5 Países exportadores - produção (MT)

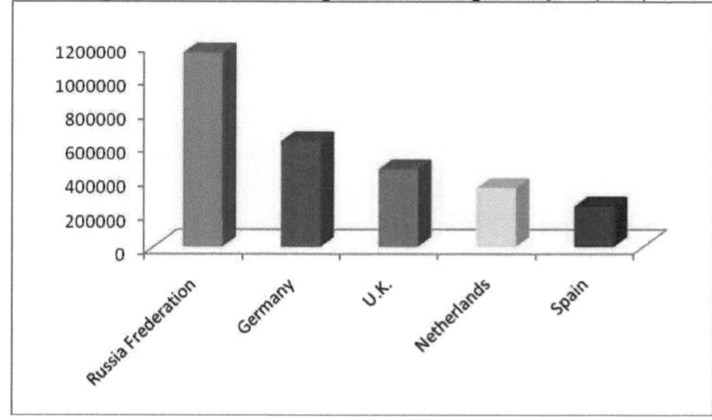

Figura - 2.6 Países importadores - produção (MT)

O maior país produtor de maçãs do mundo é a China, que exporta 11,71 toneladas. Em segundo lugar está a Itália, com exportações de 7,2 lakh toneladas, seguida do Chile, dos Estados Unidos e da França. Os principais países importadores de maçãs são a Federação Russa, a Alemanha, o Reino Unido, os Países Baixos e a Espanha (ver quadro 2.2).

Cenário da Índia

A maçã (Malus pumile, mill) é o principal fruto de clima temperado cultivado na Índia, tanto em termos de produção como de tamanho. Pertence à família das Rosáceas.[3] A maçã é o fruto de clima temperado predominante na Índia, representando cerca de 5,63% da superfície total consagrada à fruta fresca no mundo, e é o segundo fruto mais cultivado depois da China. th4A Índia ocupa o 7º lugar em termos de produção de maçãs, contribuindo com 2,85% da produção mundial total de maçãs (Quadro 2.3). A produção de maçãs tem aumentado ao longo dos anos, passando de 1,14 toneladas métricas em 1991-92 para 1,2 toneladas métricas em 2001-02, o que representa um aumento de 19,05%.

lakh toneladas métricas em 2008-09 (quadro 2.3). A área cultivada com maçãs na Índia aumentou de 1945 mil hectares em 1991-90 para 274,0 mil hectares em 2008-09.

Quadro 2.3: Área, produção e produtividade de maçãs na Índia (1991-2009)

Ano	Superfície (000 ha)	de Total de frutos Domínio	Produção (000 MT)	% da produção total de frutos	Produtividade (toneladas/Ha)
1991-92	194.5	6.8	1147.7	4.0	5.9
2000-01	239.8	6.2	1226.6	2.8	5.1
2001-02	241.6	6.0	1158.4	2.7	4.8
2002-03	193.1	5.1	1348.4	3.0	7.0
2003-04	201.2	4.3	1521.6	3.3	7.6
2004-05	230.7	4.6	1739.0	3.5	7.5
2005-06	226.6	4.3	1814.0	3.3	8.0
2006-07	252.0	4.5	1624.0	2.7	6.4
2007-08	264.0	4.5	2001.0	3.1	7.6
2008-09	274.0	4.5	1985.0	2.9	7.2

Fontes: Indian Horticultural Database-2009.

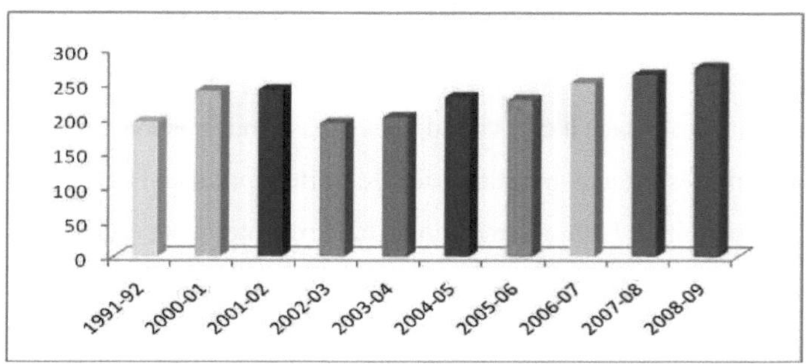

Figura 2.7 Área cultivada com maçãs (000 ha)

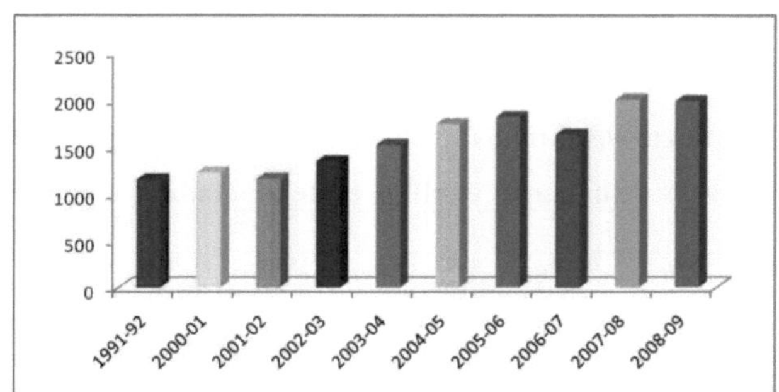

Figura - 2.8 Produção de maçãs (000 MT)

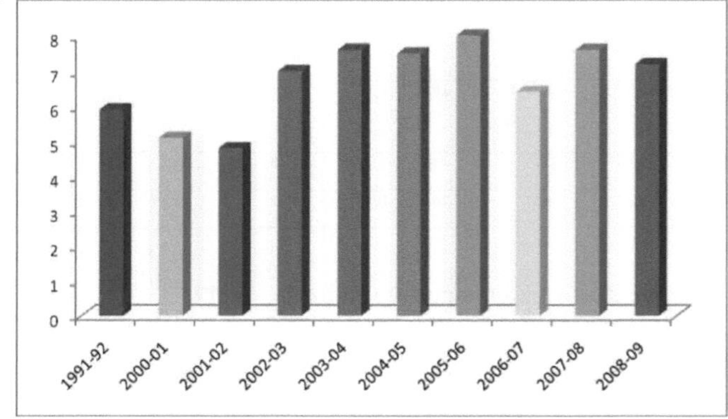

Figura - 2.9 Produtividade da maçã (toneladas/ha)

A produção concentra-se em algumas regiões do norte da Índia, onde o clima é propício ao cultivo de plantas de zonas temperadas, como a maçã. As zonas de produção de maçãs da Índia estão expostas às flutuações de precipitação que acompanham o clima de monção do subcontinente. Além disso, os produtores têm de fazer face a grandes flutuações anuais dos preços no produtor. Para fazer face a estas condições, quase todas as maçãs indianas são cultivadas em três estados montanhosos do norte da Índia - Himachal Pradesh, Jammu e Caxemira e Uttarakhand (um estado recentemente criado que fazia parte do Utter Pradesh), onde são geralmente cultivadas a altitudes entre 4 000 e 11 000 pés acima do nível do mar.[5]

As maçãs também são cultivadas em Arunachal Pradesh, Nagaland e Sikkim, mas a produção não é muito bem sucedida. Embora a produção de maçãs tenha aumentado por um fator de 5 ou 6 nos últimos 50 anos.[6]

Quadro 2.4: Recursos estatais - superfície, produção e produtividade de Maçãs (milhares de hectares e milhares de toneladas de produção)

Estado	2006-07			2007-08			2008-09		
	(000) Zona	(000) Produção	(Mt/Ha) Produtividade	(000) Zona	(000) Produção	(Mt/Ha) Produtividade	(000) Zona	(000) Produção	(Mt/Ha) Produtividade
Jammu e Caxemira	119.4	1222.2	10.2	126.4	1268.5	10.0	133.7	1332.8	10.0
Himachal Pradesh	91.8	268.4	2.9	94.5	592.6	6.3	97.2	510.2	5.2
Uttarakhand	30.6	123.3	4.0	32.3	130.5	4.1	32.7	132.3	4.1
Arunachal Pradesh	9.8	9.8	1.0	10.8	9.8	0.9	10.8	9.8	0.9
Nagaland	0.0	0.0	0.4	0.0	0.1	1.4	0.0	0.5	1.4
Total	**251.6**	**1623.7**	**6.5**	**263.9**	**204.5**	**7.6**	**274.4**	**1985.1**	**7.2**

Fonte: Base de dados da horticultura indiana - 2009.

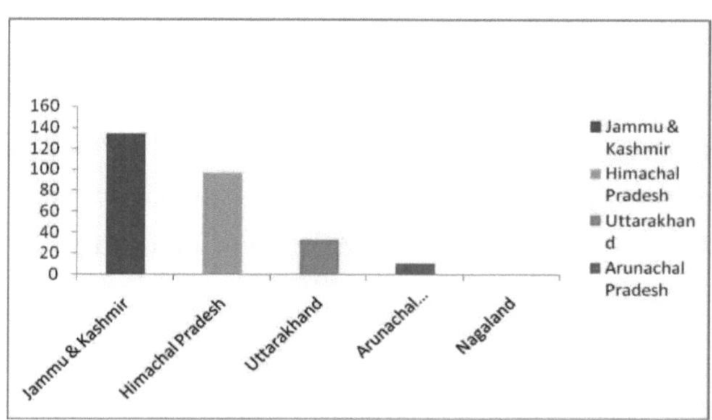

Figura - 2.10 Superfície por estado federal (000 HA)

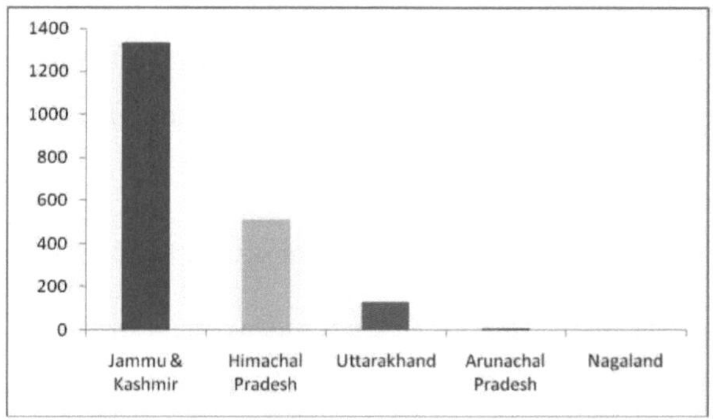

Figura 2.11 Produção em diferentes países (000 MT)

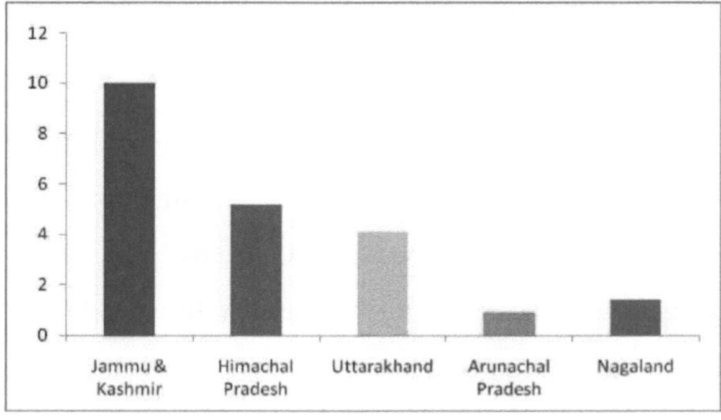

Figura - 2.12 Produtividade da Apple

A J & K é o maior produtor de maçãs, com uma quota de 67,7% da produção total de maçãs do país (Figura 2.10s), e a produção por hectare é de 10,0 toneladas (Quadro 2.4), o que é superior à média nacional. No Himachal Pradesh, as maçãs são também a principal cultura, representando cerca de 25% da produção total de maçãs, e a produtividade no Estado é inferior à média nacional, com 5,2 toneladas por hectare. Uttarakhand também produz cerca de 7% da produção total do país, e a produção por hectare é de 4,1 toneladas.

A Índia exporta uma pequena quantidade de maçãs (5,95% do total das exportações de frutos frescos), principalmente para o Bangladesh, o Nepal e o Sri Lanka. As variedades de maçã, como a Red e a Royal Delicious, a Ambri e outras novas variedades coloridas, são adaptadas ao mercado de exportação. De acordo com a Indian Horticultural Database 2009, o Bangladesh, o Nepal e a China são os principais destinos das exportações indianas de maçãs. O Bangladesh é responsável por 83,70 % das

O Nepal vem em segundo lugar com 12,43% e a China com 1,68% do total das exportações da Índia (IHDB).

A maioria das maçãs cultivadas na Índia são variantes das variedades Red Delicious ou Royal Delicious e têm um período de maturação semelhante, de cerca de 125 a 134 dias a partir da floração. Embora a colheita comece, por vezes, logo em junho, a maior parte da colheita tem lugar em setembro e outubro.

A maioria dos pomares de macieiras na Índia tem 30 anos ou mais e caracteriza-se por uma diminuição dos rendimentos e pela falta de uniformidade da forma, tamanho e cor dos frutos. A baixa produtividade e a má qualidade das maçãs devem-se à monocultura de algumas variedades antigas que se degeneraram ao longo dos anos. Além disso, os rendimentos são também afectados por outros factores, como a humidade irregular e a má utilização da água, a baixa utilização de fertilizantes, o mau tempo, as flutuações de preços e certos problemas de doenças dos frutos, como a sarna, o ácaro vermelho, a alternária, etc.

Os resultados da investigação mostraram que os rendimentos actuais poderiam ser duplicados através de uma gestão moderna dos pomares, incluindo uma melhor conservação da humidade e a aplicação de fertilizantes.[7]

Situação do sector da maçã no vale de Caxemira

As maçãs revestem-se de especial interesse no vale de Caxemira por várias razões, tanto em termos de área cultivada como de produção. A maçã é uma fonte extremamente importante de alimentos nutritivos. É também uma importante fonte de rendimento e de emprego. A produção de maçãs no vale de Caxemira e a sua comercialização em todo o país e no estrangeiro foram incentivadas, direta ou indiretamente, por vários programas e medidas lançados pelo governo, tais como a política de preços, a política de crédito, o fornecimento de caixas de embalagem, o controlo de qualidade, a compra direta, etc.[8]

Quadro 2.5: Produção de maçãs por distrito no vale de Caxemira (em toneladas)

Distrito	2005-06		2006-07		2007-08		2008-09		2009-10		P/A= Produtividade
	Área de superfície (Ha)	Prod.	Área de superfície (Ha)	Prod.	Área de superfície (Ha)	Prod.	Área de superfície (Ha)	Prod.	Área de superfície (Ha)	Prod.	
Srinagar	5408	45263	5832	47978	4152	19100	3860	20055	2320	20657	8.8
Gandarbal	-	-	-	-	3682	33250	3866	34913	3982	35960	9.0
Budgam	1174 3	58045	12557	61527	12957	61614	13605	64695	14013	66636	4.7
Barmulla	2731 2	518734	29165	551328	23595	459953	24775	482951	25518	407440	19.4
Bqandipor e	-	-	-	-	4123	54298	4329	57013	4459	58723	13.1
Kupwara	1551 9	137759	15815	146027	16540	15263	17367	159772	17888	164565	9.1
Anantnag	2184 3	176154	23330	186723	12578	101141	13207	106198	13603	1093 84	8.0
Kulgam	-	-	-	-	12341	98625	12958	103556	13347	10663	7.9
Shopian	-	-	19288	215123	18803	223218	19885	207297	20363	230589	11.3
Pulwama	2008 3	198517	901 3	9850 3	716 2	9395 9	759 3	100477	782 1	93454	11.9

Total	1019 8	113447 2	11500 0	130760 9	11593 3	138732 1	12144 5	133692 7	12332 2	1384071	11.2
										13.84 MT	

Fonte: Departamento de Horticultura, Srinagar.

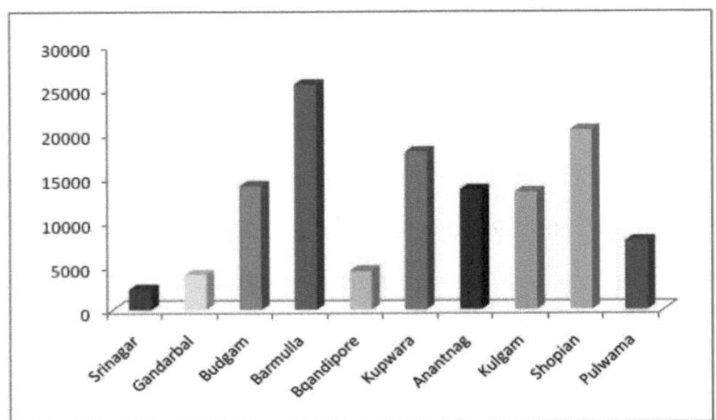

Figura 2.13 Área cultivada com maçãs nos vários distritos

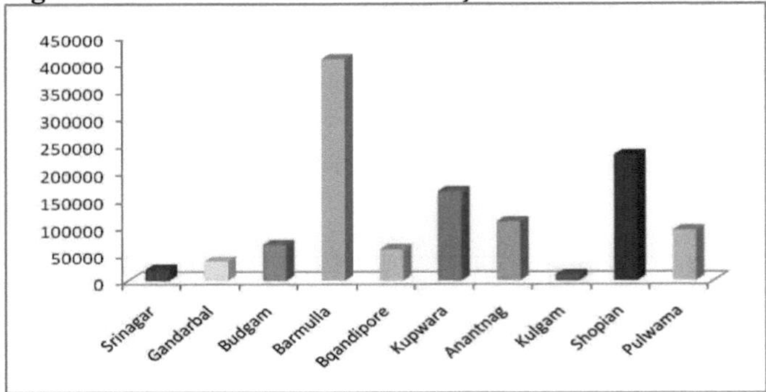

Figura 2.14: Produção de maçãs nos vários distritos (MT)

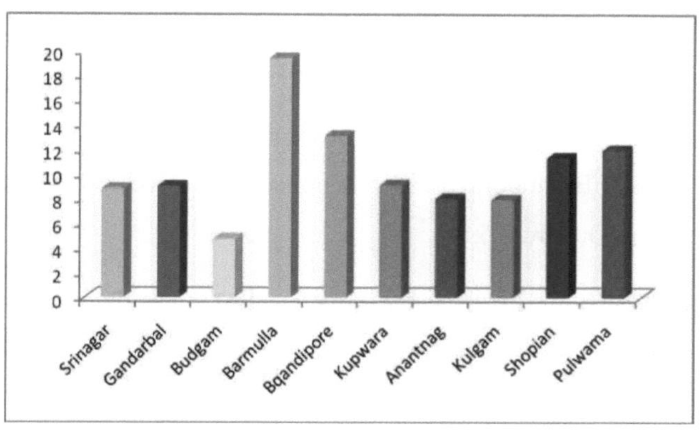

Figura 2.15 Produtividade da maçã (Mio. t/Ha)

As maçãs são o principal fruto que cresce a temperaturas elevadas no Vale de Caxemira, representando cerca de 67% da produção total de frutos frescos da Índia. A produção de maçãs no Vale de Caxemira tem aumentado ao longo dos anos, tanto em termos de produção como de produtividade. A produção de maçãs aumentou de 10,98 lakh toneladas métricas em 2004-05 para 13,84 lakh toneladas métricas em 2009-10. A produção por hectare ou rendimento médio de maçãs no Vale de Caxemira foi de 10,94 toneladas em 2004-05 e aumentou para 11,2 toneladas em 2009-10 (Quadro 2.4). A área cultivada com maçãs também está a aumentar, passando de 99 mil hectares em 2004-05 para 1,23 lakh hectares em 2009-10. A cultura da maçã é praticada em todos os distritos do Vale de Caxemira. A maior contribuição para a produção de maçãs é dada por Barmulla, Shopian, Pulwama, Budgam, Anantnag, Bandipora, Kulgam, etc. A maior contribuição para a produção de maçãs em Caxemira provém do distrito de Barmulla, que produziu 4,70 lakh toneladas métricas a partir de uma área de 25 mil hectares em 2009-10. A produtividade por hectare no distrito de Barmulla é de 19,4 toneladas, superior à média federal e nacional (Quadro 2.5). O distrito de Shopian ocupa o segundo lugar na produção de maçãs, com uma produção de 2,30 lakh toneladas, uma área cultivada de 20.000 hectares neste distrito e uma produtividade média por hectare de 11,3 toneladas em 2009-10. Kupwara é o terceiro maior distrito produtor de maçãs do vale de Caxemira.

Em 2009-2010, a produção do distrito foi de 1,64 mil toneladas e a área cultivada com macieiras de 7,8 mil hectares. Os distritos produtores de maçã mais próximos em termos de volume de produção são Pulwama, Anantnag, Kulgam, Budgam, Bondipora, Ganderbal e Srinagar; a produção destes distritos é apresentada no Quadro 2.5.

Produção de maçãs no distrito de Shopian

O distrito de Shopian tem um enorme potencial para o cultivo de todos os tipos de frutos. A horticultura é a principal fonte de subsistência dos habitantes do distrito de Shopian e desempenha um papel importante na economia do distrito. Dado o potencial existente, a arboricultura tornou-se um sector económico importante no distrito, contribuindo significativamente para o produto interno do Estado.[9]

As maçãs são um dos alimentos mais saudáveis, nutritivos e refrescantes da natureza, e diz-se, com razão, que uma maçã por dia mantém o médico afastado. A produção de maçãs, como qualquer outra cultura agrícola, tornou-se altamente tecnológica e competitiva.

Os agricultores têm de ser muito precisos no seu plano de pulverização contra as doenças mortais da sarna, cancro, pragas, caspa e outros insectos.[10]

As maçãs cultivadas neste distrito são mais sumarentas e têm uma cor atraente. São conhecidas pelo seu sabor e são muito procuradas nos mercados de toda a Índia. As diferentes variedades de maçã aqui cultivadas são...

Red Delicious

Esta variedade mundialmente conhecida é uma das maçãs mais cultivadas na região, representando cerca de 90% da produção total da região. O fruto é cónico, com os caraterísticos lóbulos ardentes na extremidade; a pele é lisa, estriada e de cor vermelha. A polpa é finamente granulada, branco-acinzentada, doce, muito sumarenta e estaladiça, com bom aroma; o calibre é médio a grande e a maturação ocorre no final de setembro.

Amri (Ambri Kashmiri)

Originário de Caxemira, o Ambri continua a ser superior pela sua polpa estaladiça e doce e pelo seu excelente sabor. O fruto é vermelho, estriado, de tamanho médio, de forma alongada a cónica e conserva-se durante muito tempo. O fruto amadurece entre a última semana de setembro e a primeira semana de outubro.

Trel americano

Esta variedade tem uma polpa estaladiça, sumarenta, branco-esverdeada e doce, e é geralmente de tamanho médio, o que a torna muito apreciada pelos consumidores. O fruto é achatado, de cor vermelha e de superfície lisa. Amadurecem na última semana de setembro.

Maharaji (Branco pontilhado de vermelho)

Maçã grande, redonda a ligeiramente cónica, com pele vermelha a estriada e polpa branca, sumarenta e doce, esta é a variedade de maçã mais precoce disponível no vale. Amadurece em meados de julho.

Kesri (Bérberis laranja de Cox)

Trata-se de uma maçã de tamanho médio, de forma redonda a cónica, com uma coloração vermelho-alaranjada hábil que se aprofunda até se tornar vermelho vivo. A polpa é amarela, estaladiça, tenra e muito sumarenta. É uma maçã de deserto, com um bom aroma e um sabor subácido. Os frutos amadurecem em meados de agosto.[11]

O distrito de Shopian é famoso pela cultura da maçã, com 70% da sua superfície dedicada à maçã e mais de 70% da sua população direta ou indiretamente dependente da cultura da maçã. O distrito é conhecido por ter as maçãs de melhor qualidade do mundo, pois são sumarentas, coloridas, saborosas, duradouras e estaladiças. O distrito gera mais de 53 milhões de rupias por ano com a cultura da maçã. De acordo com o Departamento de Horticultura de Shopian, a produção total de maçãs em 2009-10 foi de 2,20 lakh toneladas métricas, a área cultivada foi de 21031 hectares e a produção por hectare em 2009-10 foi de 10,46 toneladas por hectare. Vejamos o quadro 2.6 abaixo.

Quadro 2.6: Produção, produtividade e área de maçã no distrito de Shopian

Ano	Produção Tonelada métrica	Superfície (hectares)	Produtividade
2005-06	215123	19288	11.15
2006-07	223218	18803	11.87
2007-08	207297	19885	11.32
2008-09	230589	20363	11.32
2009-10	220107	21031	10.46

Fonte - Serviço de Horticultura do Distrito de Shopian

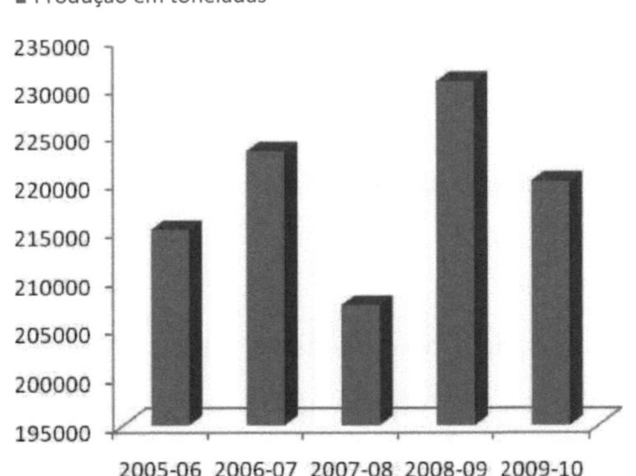

Figura -2.16 Produção de maçãs em Shopian

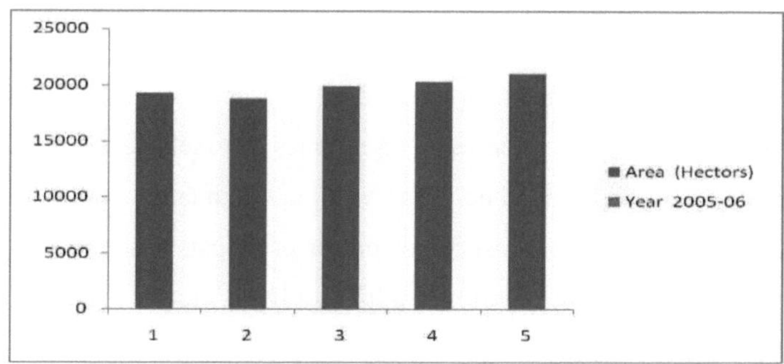

Figura 2.17 Área dedicada à cultura da maçã

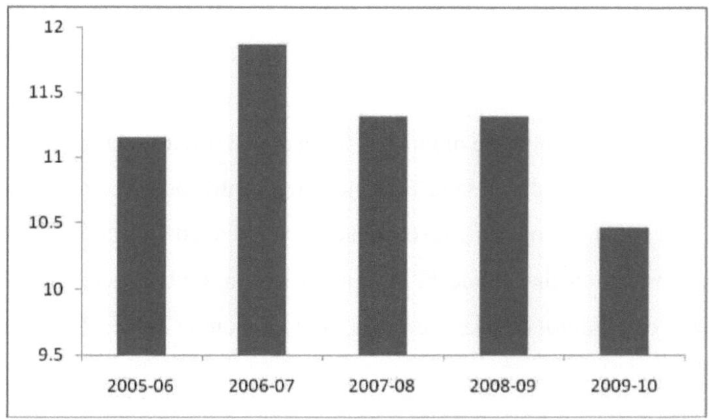

Figura 2.18 Produtividade da maçã - (toneladas/hectare)

A figura 2.16 mostra que a produção aumenta em 2007-08, depois diminui e volta a aumentar em 2008-09. A área cultivada no distrito de Shopian está a aumentar de forma constante, como mostra a figura 2.17. A produtividade no distrito de Shopian mantém-se elevada em 2006-2007, diminuindo depois no distrito de Shopian no seu conjunto.

Conclusão

Nas regiões temperadas do mundo, a maçã é a variedade de fruta mais cultivada. A produção mundial é de cerca de 65 milhões de toneladas e a maçã representa 13% da produção mundial de fruta. A China lidera tanto em termos de área cultivada como de produção, sendo os outros principais produtores os Estados Unidos, o Irão, a Turquia, a Polónia, a Itália, a Índia, etc. Os principais exportadores mundiais são a China, a Itália, o Chile, os Estados Unidos e a França. Os principais países importadores a nível mundial são a Federação Russa, a Alemanha, o Reino Unido, os Países Baixos, etc.

A maçã é a variedade de fruto temperado predominante na Índia, representando cerca de 5,63% da área total cultivada com frutos frescos a nível mundial e ocupando o segundo lugar no mundo. A Índia ocupa o sétimo lugar na produção de maçãs e a sua produtividade é muito baixa entre os principais países do mundo. Na Índia, as maçãs são cultivadas em três estados montanhosos do norte do país - Himachal Pradesh, Jammu e Caxemira e Uttaranchal Pradesh. J & K é o maior produtor de maçãs do país, com uma quota de 67,7% da produção total de maçãs. A produção por hectare é de 10,0 toneladas, o que é superior à média nacional. As principais regiões produtoras de maçãs são Barmulla, Shopian, Pulwama, Budgam, Anantnag, Kulgam, etc. O distrito de Shopian produz 2,30 lakh toneladas de maçãs, a área cultivada neste distrito é de 20 000 hectares e a produtividade média por hectare é de 11,3 toneladas.

Os factores que contribuem para a baixa produção de maçãs na Índia incluem: grandes áreas cultivadas, locais de plantação desfavoráveis em termos de exposição, clima, declive e solo, má qualidade do material de plantação, má gestão dos pomares, stress hídrico, ocorrência de riscos climáticos, má gestão das culturas no passado, problemas de comercialização, possibilidades de armazenamento, etc. Se estes factores fossem tidos em conta, a produção e a produtividade aumentariam nos países produtores da Índia.

Referências

1. Ferrec David Curtis, Warrington Jan J., (2006): "Apple; Botany Production and use" CABI Publishing Company, U.K. P-16.
2. Kishor D.K, Sharma Satish K., (2004): "Temperate Horticulture; Current Scenario", *New* India Publishing Company New Delhi, p. 35.
3. Kumar T.Pradeep, Jyothibhabkar B. Suma, Satheena K.N., (2008) : "Management of Horticultural Crops, Vol. II, Horticultural Science Series", New India Publishing Agency New Delhi, p. 14.
4. Jindal K.K., Sharma R.C. (2004): "Latest trends in horticulture in India the Himalayas; Integrated Development under the Mission Mode", Indus Publishing Company New Delhi, pp. 67-68.
5. Deodhar Stish Y, Landes Maurice, Krissoff Barry, (2006): "Perspectives of India's Emerging Apple Market", DIANE Verlag USA, p. 8.
6. Kumar T. Pradeep, Jyothibhabkar B. Suma, Satheena K.N., (2008) "Management of Horticultural Crops, Vol. II, Horticultural Science Series", New India Publishing Agency New Delhi, p. 13.
7. Deodhar Stish Y, Landes Maurice, Krissoff Barry, (2006): "Perspectives of India's Emerging Apple Market", DIANE Verlag USA, p. 11.
8. Sing V.B, Sima Akali K., Alila Pauline, (2006): "Horticulture for the poor [st]Sustainable income and employment potential" Vol. 1, Concept Publishing Company, p. 164.
9. Manual de Estatística 2008-09 Distrito de Shopian P-119.
10. Prasad Arbind, Prasad Jagdish, (1995): "Indian agriculture Marketing; Emerging Trends and Perspectives", Miltal Publications New Delhi, p. 68.
11. Bhatt S.C., Bhargara Gopal, (2000): "Land and People of Indian States and Union territories", Kalpaz Publications New Delhi.p-169.

Terceiro capítulo

Padrões de utilização dos solos no vale de Caxemira

Introdução

A agricultura é a principal fonte económica do distrito de Shopian; mais de 80% da população total do distrito vive direta ou indiretamente do sector agrícola. Uma vez que a agricultura depende essencialmente da terra, é essencial analisar o padrão espacial da utilização dos solos para determinar o desequilíbrio da produtividade agrícola na região. O uso da terra refere-se geralmente à utilização da terra num determinado momento e lugar. O objetivo da análise da utilização da terra é maximizar a produtividade e preservar a terra para a prosperidade.

A estrutura do solo é influenciada por factores físicos e humanos; os factores físicos incluem a topografia, o clima e o solo. Os factores humanos incluem a densidade populacional, a estrutura ocupacional, o nível de tecnologia e as instituições socioeconómicas, que determinam o grau de utilização da capacidade física do solo; estes dois factores determinam o padrão de utilização das terras.[1]

A área total do Estado é de 2,23 lakh quilómetros quadrados, dos quais cerca de 1,39 lakh quilómetros quadrados se encontram deste lado da Linha de Controlo Atual. Deste total, o distrito de Shopian ocupa 36 mil hectares. Cerca de 50% da área geográfica do distrito não está disponível para cultivo e 50% da área está disponível para cultivo. O quadro 3.1 apresenta um panorama geral da utilização das terras no distrito.

Quadro 3.1: Utilização geral dos solos no distrito de Shopian em 2008-09

S. Não.	Utilização do solo	Superfície em hectares	Percentagem de Superfície total
1	Floresta	249	0.67
2	Superfície líquida apresentada	19544	53.05

3	Terras não agrícolas	4543	12.34
4	Uma terra árida	1571	4.27
5	Prados e outras pastagens permanentes	3909	10.61
6	Terrenos em construção. Árvores e outros Hainen	645	1.76
7	Resíduos cultiváveis	2278	6.19
8	Terras não cultivadas, exceto episódio atual	492	1.34
9	Terrenos baldios actuais	3603	9.78
Total		**36834**	**100.00**

Fonte: FC Srinagar office

Analisando o quadro, verifica-se que pouco mais de 0,67% da área total do concelho é constituída por floresta e cerca de 53% está disponível para cultivo. As pastagens permanentes e as terras aráveis ocupam 10,61% e 6,19% da área, respetivamente. Cerca de 12,34% não são utilizados para a agricultura. Pouco mais de 4,27% são terras inférteis.

Razões para a circuncisão

A estrutura das culturas é definida como a proporção da área cultivada com diferentes culturas num determinado momento. As estatísticas das culturas são utilizadas para descrever a estrutura das culturas. No entanto, trata-se de um conceito dinâmico que evolui no espaço e no tempo. Nenhum modelo de cultura pode ser bom e ideal em todos os momentos.[2]

Devido às condições geográficas, existem três estações principais de crescimento no vale de Caxemira.

i) Kharif ou estação do verão

ii) Rabi ou estação de inverno

iii) Culturas de Zaid

Estas culturas são efectuadas de acordo com o seguinte modelo:

(i) Colheita da colheita

Estas culturas são geralmente semeadas no verão, quando necessitam de mais água e de temperaturas mais elevadas para crescer. A colheita é geralmente efectuada no outono. Estas culturas incluem o arroz, o jower, o milho, as leguminosas, etc.

(ii) Culturas Rabi

Estas culturas são geralmente semeadas no inverno e colhidas na primavera. Estas culturas requerem um clima relativamente fresco, com baixa pluviosidade. As principais culturas Rabi são o trigo, as culturas secundárias, as ervilhas, o feijão, as oleaginosas, as forragens, as raízes e os tubérculos.

(iii) Culturas de Zaid

Para além das culturas kharif e rabi, há uma série de outras culturas cultivadas ao longo do ano. Estas culturas são efectuadas sob irrigação artificial. Trata-se de produtos hortícolas de folha e tubérculos, de legumes de talo, etc. São conhecidas como zaid kharif e zaid rabi.

Quadro 3.2: Diferentes culturas e seus nomes em diferentes línguas

S.Nr.	Culturas de Khairf		
	Caxemira Nome	**Nome inglês**	**Nome botânico**
1	Dhani	Paddy	Oryzastira
2	Makai	Milho	Zeamays
3	Mung	Produtos hortícolas secos	Fase olus Mungo
4	Razmah	Feijões	Phaseolus vulgasis
5	Muth	Sementes de soja	Phaseolus oocnitifolius

	Culturas Rabi		
6	Wishakae	Dificilmente	Hardevm Hexaxtichon
7	Tilgogul	corda(mostarda)	Brassia compestris
8	Karrah	Ervilhas	Pisum satirum[3]

Tabela (3.3): Área cultivada com diferentes culturas no distrito de Shopian em 2008-09

S. Não.	Plantas cultivadas	Areia Hectares	Percentagem
1	Arroz/Paddy	556	2.16
2	Milho	1479	5.74
3	Produtos hortícolas secos	206	0.82
4	Fruta	17632	70. 0
5	Legumes	890	3.53
6	Sementes oleaginosas	3649	14.5
7	Alimentos para animais de estimação	728	2.89
Total		25186	100.00

Fonte: Gabinete da Comissão de Finanças de Srinagar.

Em geral, a estrutura das culturas do distrito é caracterizada por uma agricultura de subsistência. A fruta e as oleaginosas, as duas culturas cultivadas no distrito, representam mais de 84% da área bruta cultivada. A fruta ocupa o primeiro lugar com 70% da área cultivada, seguida das oleaginosas e do milho, que representam 14,5% e 5% da área total cultivada, respetivamente. Os legumes, o arroz, o arroz em casca e as forragens são outras culturas importantes cultivadas no distrito (ver tabela 3.3).

Arroz

O arroz é o alimento básico dos caxemirenses. O arroz é cultivado em quase todos os cantos do Estado, com exceção da região de Ladakh. O grão chama-se arroz (paddy) e é coberto por uma pequena casca, enquanto o branco no interior da casca é o arroz. O nome caxemirense para o arroz é "Danneh" e "Dhan" nos dialectos Dogri e Pahari. Provavelmente, não há nenhuma casa em Caxemira onde o arroz não seja cozinhado e servido. O arroz é uma cultura tropical que necessita de temperaturas elevadas e de chuvas fortes para germinar, florescer e amadurecer. [0]Necessita de temperaturas superiores a 20 °C e de mais de 100 cm de precipitação, bem como de um abastecimento regular de água com pausas na última fase.

Sementes oleaginosas

As sementes oleaginosas são um importante grupo de culturas no distrito de Shopian. O óleo obtido a partir das sementes oleaginosas é um componente essencial da gordura da dieta da Caxemira. O óleo é também utilizado em medicamentos, perfumes, vernizes, lubrificantes, sabões e muitos outros produtos, e os resíduos das sementes oleaginosas são utilizados para alimentar o gado após a extração do óleo.[4]

Milho

O milho é a principal cultura cerealífera do distrito. Para crescer, o milho precisa de um clima quente e húmido. O solo deve ser bem drenado para evitar a estagnação da água. Durante a fase de crescimento, o milho precisa de ser mondado várias vezes. A área cultivada com milho no distrito representa cerca de 5,74% da área total cultivada.

Fruta

Atualmente, cerca de 70% da superfície do distrito de Shopian está plantada com árvores de fruto, a maioria das quais são pomares de macieiras. Os pomares de macieiras estão situados entre 1800 e 2750 metros acima do nível do mar. Os solos arenosos não são adequados para o cultivo de pomares de macieiras, pois provocam o aparecimento de vermes e doenças das roseiras. Os solos argilosos, profundos e pesados, são mais adequados para a cultura da maçã, pois podem reter a humidade durante muito tempo. Algumas das principais variedades de maçã cultivadas no distrito são a Delicious, a American tarel, a Maharaji, a Kullu Delicious, a Golden, a Kesari, a Royal Delicious, a Chombora, a Ambri, etc. O distrito de Shopian é também famoso pelas suas nozes, peras, cerejas, alperces, etc.

O distrito de Shopian tem variações microclimáticas, pelo que os padrões de cultivo e as misturas de culturas diferem significativamente. O distrito de Shopian é conhecido pelos seus frutos, sementes oleaginosas, arroz e arroz.

Irrigação

A irrigação é definida como o fornecimento artificial de água à terra para permitir ou incentivar o crescimento das plantas; esta água artificial pode ser fornecida por canais, poços, poços tubulares, reservatórios, etc. A irrigação, ou seja, o fornecimento artificial de água às plantas, é uma prática muito antiga neste Estado, especialmente nos distritos. Os agricultores estão conscientes da importância da irrigação como meio de alcançar um avanço efetivo no desenvolvimento da agricultura. Este facto reflecte-se no zelo com que alguns khulls (canais) foram construídos pelos agricultores. Vários projectos de irrigação foram planeados e concluídos, com o resultado de que a área irrigada aumentou consideravelmente; cerca de 43% da área total cultivada do distrito é irrigada. O crescimento decadal das fontes de irrigação e a área total irrigada por cada fonte são mostrados na Tabela 3.4.

Quadro 3.4: Fonte de irrigação e área de superfície no distrito de Shopian em 200708

S. Não.	Fonte	Superfície (hectares)	Percentagem
1	Canais	12979	97.88
2	Molas	192	1.44
3	Fontes e poços tubulares	43	0.32
4	Outros	48	0.36
	Total	**13262**	**100.00**

Fonte: Extrato de Shopian 2008-09

As estatísticas sobre a área irrigada e a fonte de irrigação na tabela 3.4 mostram que os canais são a principal fonte de irrigação no distrito. De facto, os canais irrigam 12 mil hectares dos 13 mil hectares de área irrigada. De acordo com as estatísticas de 2007-08, os canais são responsáveis por mais de 97% da irrigação.

As frutas e os produtos hortícolas são as principais culturas de regadio. As frutas e os legumes representam, por si só, mais de 73% da superfície total irrigada, as oleaginosas 19,41%, seguidas do arroz e do faddy, como mostra o quadro 3.4.

Quadro 3.5: Distrito de Shopian - Culturas de regadio 2008-09 (área em hectares)

S. Não.	Plantas cultivadas	Areia Hectares	Percentagem
1	Arroz /Paddy	556	3
2	Milho	162	0.88
3	Produtos hortícolas secos	49	0.26
4	Frutas e legumes	13521	73.5
5	Alimentos para animais de estimação	537	2.91
6	Sementes oleaginosas	3569	19.41
7	Espécies	9	0.04
	Total	**18393**	**100.00**

Fonte: Extrato de Shopian de 2008-09

Estrutura profissional

A estrutura profissional refere-se à distribuição da população ativa entre diferentes profissões e actividades; a qualidade do trabalho e a regularidade do emprego nos sectores primário, secundário e territorial reflectem o desenvolvimento económico de uma região. A população total de uma área é dividida em (i) pessoas economicamente activas e (ii) pessoas economicamente inactivas.

O grupo economicamente ativo é conhecido como força de trabalho ou população ativa. Quanto maior for o número de pessoas a trabalhar, maior será a procura e maior será a oferta de bens e serviços. Esta procura crescente estimula, em última análise, o processo de desenvolvimento económico de uma região. A população ativa divide-se em três categorias: (i) a força de trabalho principal, quando um trabalhador está empregado durante a maior parte do ano. (ii) trabalhadores menores, quando um trabalhador trabalha menos de seis meses por ano (iii) pessoas inactivas, quando não têm qualquer atividade economicamente produtiva. Como regra geral, o grupo etário entre os 15 e os 59 anos é considerado apto para o trabalho. O quadro 3.6 apresenta a população ativa do distrito por atividade económica.

Quadro 3.6: Pessoas com emprego em 2001

S. Não	Categoria	Número de pessoas	Zonas principais e periféricas Percentagem da quantidade total Trabalhador
1	Cultivador	36150	58.20
2	Trabalho agrícola	4910	7.90
3	Orçamento Trabalhadores da indústria	3644	5.90
4	Outros	17300	28.00
	Total	**62104**	**100.00**

Fonte: Digest 2008-08 Shopian

No distrito, os agricultores representam 58,20% da força de trabalho, enquanto 7,90% trabalham na agricultura. Cerca de 5,90% trabalham na indústria doméstica e cerca de 28% noutros sectores, como a criação de animais, a caça, a silvicultura, a exploração mineira, a construção e o comércio, bem como em sectores conexos. De um modo geral, o distrito de Shopian encontra-se nas primeiras fases de desenvolvimento e a sua mão de obra depende em grande medida do sector primário. Por conseguinte, é urgente desenvolver o sector industrial, a fim de reduzir a pressão sobre o sector primário. O desenvolvimento do sector industrial deve promover o emprego e criar assim uma fonte sustentável de rendimentos. Para desenvolver a indústria, é necessário adotar uma política industrial sólida.[7]

Conclusão

A agricultura desempenha um papel importante na situação económica dos agricultores do distrito de Shopian. Mais de 80% da população do distrito vive direta ou indiretamente do sector agrícola. As suas condições podem ser melhoradas se forem aplicadas estratégias e técnicas sólidas nas suas pequenas explorações, de modo a que o crescimento agrícola ultrapasse o seu atual centro de gravidade.

O distrito de Shopian tem 36.000 hectares de terra, dos quais apenas 50% estão disponíveis para cultivo. As principais culturas cultivadas no distrito são a fruta, o arroz, os legumes, as oleaginosas, o milho, etc. A fruta representa cerca de 70% da área total cultivada. Apenas 43% da área total cultivada do distrito é irrigada, o que é um dos factores que contribui para a baixa produtividade do distrito.

O estudo mostra que o baixo nível de produtividade é muito inferior ao potencial de produção de maçãs do distrito, o que tem um efeito multiplicador na economia de Shopian e do Estado Federal. Esta situação deve-se principalmente à falta de esforços, de tecnologia e de experiência na proteção contra várias doenças no sector agrícola. Na produção dispendiosa de maçãs, os factores de produção estão significativamente ligados à produtividade.

Referências

1. Kaw Mushtaq Ahmad, (2007): "Le système agricole du Kashmir", Gulshan Publishers Srinagar, p. 86.
2. Hussian Majid, (2006): "Geography of Jammu and Kashmir". th5 ed., Rajesh Publications, Nova Deli, p-113.
3. Khan A.R., (2007): "Geography of J&K", Gulshan Publishers Srinagar, S-84.
4. ibid, p. 115.
5. ibid, S. 123.
6. Ibid, pp-101-103.
7. ibid, p-93-99.

Quarto capítulo

Microanálise do sector da maçã no distrito de Shopian

O padrão disperso da produtividade agrícola no distrito de Shopian foi descrito e analisado no capítulo anterior. O estudo baseou-se principalmente em dados secundários. Para estudar mais pormenorizadamente a produtividade das maçãs, foi realizado um estudo a nível micro, de acordo com a nossa metodologia. Os dados de nível micro foram recolhidos pessoalmente e são, por conseguinte, utilizados para verificar a validade dos resultados obtidos a partir dos dados secundários.

Introdução

Para o trabalho de investigação, o desenho da investigação foi estabelecido de acordo com os requisitos do tema, fazendo uso efetivo de fontes primárias e secundárias de informação, ao mesmo tempo que se concentrava na recolha de uma avaliação em primeira mão da situação. Para a recolha de dados primários, considerou-se como melhor alternativa a realização de entrevistas específicas e a aplicação de questionários.

Para obter informações completas, selecionámos explorações com menos de 0,5 hectares, 0,5-1,5 hectares, 1,5-2,5 hectares e 2,5-3,5 hectares de terra.

Preparação do questionário

Ao elaborar o questionário, a ênfase foi colocada em perguntas abertas. Todas as informações que poderiam ser úteis para este trabalho, como a produtividade da maçã por hectare, a faixa etária dos agricultores, a utilização de fertilizantes e pesticidas, o rendimento da cultura da maçã, os problemas relacionados com a cultura da maçã e as facilidades oferecidas pelo governo, etc., foram recolhidas através do questionário.

Idade dos formadores

A idade dos formadores desempenha um papel importante na determinação da forma como a produção agrícola muda em resposta à adoção de novas ideias e práticas. Para explicar esta investigação, 50 agricultores foram divididos em quatro grupos, como mostra o Quadro 4.1.

Quadro 4.1: Faixa etária dos agricultores

Faixa etária (em anos)	**Número de agricultores**	**Percentagem de Formulários**
0-20	4	8
20-40	19	38
40-60	19	38
mais de 60	8	16
Total	**50**	**100.00**

Fonte: estudo de campo

O quadro acima mostra claramente que a população mais jovem, mais instruída e mais inovadora representa mais de 70% da amostra total da população. No entanto, o papel dos agricultores mais velhos não deve ser negligenciado, porque na prática agrícola, o pai ou o irmão mais velho, devido à sua idade, é não só o chefe de família, mas também o decisor final.

Nível de educação

A educação desempenha um papel importante no desenvolvimento da agricultura. A educação é o conjunto de processos através dos quais uma pessoa desenvolve competências, atitudes e outros comportamentos. Existe uma estreita ligação entre o nível de instrução e a adoção de inovações agrícolas ou de novas técnicas de produção que aumentam a produção e a produtividade agrícolas. O quadro 4.2 mostra o nível de instrução dos agricultores do distrito de Shopian.

Quadro 4.2: Nível de educação

Nível de educação	Número de agricultores	Percentagem
Elementar	6	12
Secundário	10	20
Ensino superior	17	34
Analfabeto	17	34
Total	**50**	**100.00**

Fonte: estudo de campo

O quadro acima mostra que 12% dos agricultores têm o ensino primário, 20% têm o ensino secundário. O ensino superior representa 34% e os restantes 34% dos agricultores são analfabetos.

Tamanho da família

Uma família é constituída por todos os membros de um agregado familiar que vivem e comem em conjunto, independentemente de todos os membros poderem ou não trabalhar. Com base no número de membros de uma família, dividimo-la em cinco grupos, como mostra o quadro 4.3.

Quadro 4.3: Dimensão da família

Tamanho da família (membros)	Número de agricultores	Percentagem
Menos de 5	5	10
5-8	31	62
8-11	10	20
11-14	3	6
mais de 14	1	2
Total	**50**	**100.00**

Fonte: inquérito no terreno

O quadro acima mostra que 90% dos inquiridos vivem num sistema familiar conjunto com mais de 5 membros. Foi argumentado que o sistema de família conjunta afecta a produtividade agrícola; muito frequentemente, o problema do desemprego oculto surge num sistema de família conjunta.

Dimensão do estabelecimento

A dimensão real das explorações, de acordo com os registos estatais, inclui todas as terras registadas em nome de um indivíduo, quer ele as cultive ou não, e a área de matos, pastagens e pousios também está incluída nesta categoria, se estiver registada em nome de um indivíduo. No entanto, apenas considerámos as terras agrícolas exploradas por pessoas singulares, como mostra o quadro 4.4.

Quadro 4.4: Dimensão da exploração

Dimensão do estabelecimento	Número de agricultores	Percentagem
Menos de -0,5 hectare	14	28
0,5-1,5 hectares	19	38
1,5-2,5 hectares	14	28
2,5-3,5 hectares	3	6
Total	**50**	**100.00**

Fonte: inquérito no terreno

O quadro mostra que 38% dos inquiridos possuem entre 0,5 e menos de 1,5 hectares de terra e que 28% dos agricultores têm e cultivam entre 1,5 e 2,5 hectares de terra. 28% dos agricultores têm menos de 0,5 hectares de terra e os restantes 6% têm mais de 2,5 hectares de terra.

Fonte de irrigação

Embora exista um potencial de irrigação suficiente no distrito de Shopian devido à sua paisagem montanhosa, o sistema de irrigação do distrito não está, infelizmente, totalmente desenvolvido. O sistema de irrigação no distrito de Shopian em relação à cultura da maçã pode ser traçado no quadro 4.5.

Quadro 4.5: Fonte de irrigação

Fonte de irrigação	Número de agricultores	Percentagem
Poços de tubagem	4	8
Canais	38	76
Lagoas	6	12
Bombas de irrigação	2	4
Total	**50**	**100.00**

Fonte: inquérito no terreno

O quadro acima mostra que a maioria dos agricultores rega as suas terras através de um canal, representando 76% de todos os inquiridos neste inquérito. Segundo os cientistas e os agricultores, a irrigação é essencial para a produção e a produtividade da maçã, o que foi confirmado por este inquérito e pelas entrevistas.

Utilização de fertilizantes

Existe uma ligação direta entre a fertilidade do solo e a produtividade, e os fertilizantes têm uma influência direta na fertilidade do solo. Como parte do nosso inquérito, entrevistámos 50 agricultores; os resultados são apresentados no Quadro 4.6.

Quadro 4.6: Utilização de fertilizantes

Nome do adubo	Número de agricultores	Percentagem
Bioquímica	8	16
Química	4	8
Os dois	38	76
Total	**50**	**100.00**

Fonte: estudo de campo

O quadro acima mostra que 76% dos inquiridos utilizam fertilizantes bioquímicos e químicos na produção de maçãs, enquanto pouco mais de 24% utilizam apenas um dos dois fertilizantes.

Quantidade de fertilizante utilizada por hectare

De acordo com os agrónomos, os diferentes tipos de fertilizantes, nomeadamente o azoto, o fosfato e a potassa, etc., devem ser utilizados de forma equilibrada para manter a fertilidade do solo. A fertilidade do solo é igualmente importante para a produção e a produtividade da maçã no distrito de Shopian. O quadro 4.7 apresenta a quantidade de fertilizante utilizada por diferentes agricultores da região de Shopian para as suas macieiras.

Quadro 4.7: Quantidade de fertilizante utilizada por hectare

Quantidade de fertilizante (Ha)	Número de agricultores	Percentagem
Menos de 200 kg	8	16
200-300 kg	8	16
300-400 kg	9	18
mais de 400 kg	25	50
Total	**50**	**100.00**

Fonte: inquérito no terreno

O quadro acima mostra que 50% dos inquiridos utilizaram mais de 400 kg de fertilizante na produção de maçãs. Isto mostra que o fertilizante está diretamente ligado ao rendimento. 18% dos agricultores neste inquérito utilizaram menos de 400 kg de fertilizante e os restantes 32% utilizaram menos de 300 kg para a cultura da maçã no distrito de Shopian.

Produtividade da Apple

A maçã é um fruto doce com um elevado valor comercial em todo o mundo, mas especialmente no distrito de Shopian. A produtividade média em Shopian é de 11,2 toneladas por hectare, o que é superior à média do país e à média nacional. A produção e a produtividade da maçã no distrito de Shopian têm vindo a aumentar ao longo dos anos graças às novas técnicas de produção. A produção de maçãs por hectare no distrito de Shopian é apresentada no Quadro 4.8.

Quadro 4.8: Produtividade da Apple

Produtividade/hectare	Número de agricultores	Percentagem
Menos de 400 caixas	10	20
400-500 casos	7	14
500-600 casos	8	16
600-700 casos	11	22
mais de 700 caixas	14	28
Total	**50**	**100.00**

Fonte: inquérito no terreno

Facilidade de crédito

A agricultura desempenha um papel importante para os habitantes do distrito de Shopian. A economia do distrito depende principalmente da agricultura. Para cultivar maçãs, os agricultores precisam de algum dinheiro para comprar os factores de produção agrícola específicos das maçãs, ou seja, mão de obra, pesticidas, fertilizantes, motores de pulverização, etc. Como nem todos os agricultores estão em condições de comprar estes factores de produção, os agricultores pobres têm de recorrer ao crédito. Existem várias agências junto das quais estes agricultores pobres podem obter dinheiro a uma taxa de juro mais elevada. Vejamos os diferentes credores no distrito de Shopian.

Quadro 4.9: Origem do empréstimo

Origem do empréstimo	Número de agricultores	Percentagem
Bancos	13	26
Emprestador de dinheiro	4	8
Agentes da Comissão	33	66
Total	**50**	**100.00**

Fonte: inquérito no terreno

O quadro acima mostra que os agentes de comissão desempenham um papel importante. 66% dos agricultores pedem empréstimos a agentes de comissão, 26% a bancos e os restantes 8% a agiotas.

Apple no mercado

O papel do mercado é importante, porque a queda do preço de uma cultura pode levar a uma redução da produção dessa cultura em anos futuros. O mercado incentiva os produtores a efetuar investimentos e tecnologias orientados para a produção. Após uma boa colheita de maçãs, são necessários os canais de comercialização corretos. Sem bons sistemas de comercialização, os agricultores podem enfrentar muitos problemas, como a exploração por intermediários e os baixos preços das suas colheitas. O quadro 4.10 dá uma ideia dos sistemas de comercialização da produção de maçãs no distrito de Shopian.

Quadro 4.10: Comercialização de maçãs

Compradores da Apple	**Número de agricultores**	**Percentagem**
Homem médio	6	12
Acesso direto ao consumidor	6	12
Agentes da Comissão	38	76
Total	**50**	**100.00**

Fonte: estudo de campo

O quadro acima mostra que 76% dos agricultores vendem os seus produtos a comissionistas, enquanto 12% dos agricultores vendem os seus produtos a intermediários e consumidores.

Rendimento anual da cultura da maçã

Para determinar a situação económica dos agricultores da amostra, tivemos em conta diretamente o seu rendimento proveniente da cultura da maçã. Quanto mais elevado for o rendimento da cultura da maçã, maior será o incentivo à introdução de novas tecnologias na agricultura. Os pesticidas e fungicidas mais recentes, bem como os fertilizantes de alto rendimento, dependem diretamente do rendimento anual dos agricultores. Os agricultores ricos podem dar-se ao luxo de comprar todos os novos factores de produção necessários para uma produção e produtividade elevadas. Consequentemente, o rendimento dos agricultores e a dimensão das explorações estão diretamente relacionados com a adoção dos métodos de produção mais recentes e inovadores. O quadro 4.11 mostra o rendimento anual dos agricultores no distrito de Shopian.

Quadro 4.11: Rendimento anual dos agricultores

Rendimento dos antigos empregados	Número de famílias	Percentagem
Sub 2 lakh	8	16
2-3 Lakh	8	16
3-4 Lakh	5	10
4-5 Lakh	6	12
mais de 5 lakh	23	46
Total	**50**	**100.00**

Fonte: inquérito no terreno

O quadro acima mostra que cerca de 46% dos agricultores do distrito de Shopian obtêm um rendimento anual superior a 5 lakhs com a cultura da maçã. De acordo com o inquérito, 32% dos agricultores ganham entre 1 e 3 milhões de rupias por ano com a cultura da maçã no distrito de Shopian.

Utilização de mão de obra por hectare

O trabalho é um importante fator de produção e é definido como o exercício do esforço humano e físico na produção de bens e serviços. A mão de obra é o elemento-chave na produção de qualquer bem. A utilização de mão de obra pelos produtores na cultura da maçã no distrito de Shopian é apresentada no quadro 4.12. O quadro 4.13 mostra que a mão de obra é um elemento essencial da produção.

Quadro 4.12: Utilização de mão de obra por hectare

Utilização de mão de obra	Número de agricultores	Percentagem

Menos de 200 dias-homem	15	30
200-300 homens dias	11	22
300-400 dias-homem	11	22
mais de 400 pessoas-dias	13	26
Total	**50**	**100.00**

Fonte: estudo de campo

O quadro 4.12 mostra que 30% dos inquiridos gastam menos de 200 dias-pessoa por hectare no cultivo de maçãs. 26% dos agricultores gastam mais de 400 dias-homem nas suas explorações de maçãs no distrito de Shopian. Os restantes 44% dos agricultores passam entre 200 e 400 dias de trabalho por hectare a cultivar maçãs.

Preço médio por caixa

O prémio desempenha um papel pioneiro na cultura da maçã no distrito de Shopian. É um instrumento importante para encorajar e motivar os agricultores a efectuarem investimentos e tecnologias orientados para a produção. Existe uma relação direta entre o preço e a produção de cada matéria-prima. Vejamos o quadro 4.13, que mostra o preço médio das maçãs por caixa.

Quadro 4.13: Preço médio por caixa

Preço médio	Número de agricultores	Percentagem
300-400 Rs.	14	28
400-500 Rs.	11	22
500-600 Rs.	22	44
500-600 Rs.	3	6
Total	**50**	**100.00**

Fonte: estudo de campo

De acordo com o nosso inquérito, 44% dos inquiridos afirmam que o preço médio de uma maçã por caixa se situa entre 500 e 600 rupias. Enquanto 28% dos agricultores consideram que o preço médio por caixa de maçãs é superior a 300 rupias ou inferior a 400 rupias. 22% dos inquiridos indicaram que o preço médio por caixa no distrito de Shopian se situava entre 400 e 500 rupias, como mostra o Quadro 4.13.

Hipótese I

O modelo baseia-se na hipótese de que "a produção é uma função do preço". O nosso modelo é

$$Y = f(p)$$

em que Y = Produção de maçãs

P = Preço da maçã.

Por conseguinte, o nosso modelo de regressão linear simples é

$$Y = a+bx+Ui$$

Y = produção de maçãs

X = preço do ano anterior

Ui = termos de erro

a = parâmetro de eficiência.

b = coeficiente de inclinação.

Para aplicar este modelo à produção de maçãs, partimos do princípio de que o preço (x) tem uma influência direta na produção (y).

Apresentação

A produção total de maçãs no distrito de Shopian para 2005-2010 e os preços totais desta cultura são apresentados em

Quadro 4.14

Ano	Produção em milhões de toneladas(Y)	Preço em coroas(X)	Y - Y = Yi	x-x =Xi	x2	Y2	xiyi
2006	2151.23	53.78	-41.432	0.49	0.24	1716.61	-20.30
2007	2232.18	51.34	39.52	-1.946	3.78	1561.83	-76.90
2008	2072.97	49.75	-119.69	-3.536	12.46	14325.69	66.07
2009	2305.89	57.64	113.23	4.354	18.96	12821.03	493.00
2010	2201.07	53.92	8.41	0.634	0.40	70.72	5.33
Total	Sy = 10963.34	Sx = 266.43	S(y 0- y)	S(x - x) = 0	Sy2 = 35.04	Sy2 =3049 6.15	

Sabemos que o nosso modelo é

Y = a +bx +ui. Onde Y = produção de maçãs x = preço das maçãs, onde a e b são constantes e onde b é o coeficiente de inclinação.

Hipótese: existe uma relação positiva entre o preço e a produção da Apple.

B = 0 (não existe uma relação linear)

B ^ 0 (existe uma relação linear)

Este modelo de regressão linear simples mostra a relação entre o preço e a produção de maçãs. Para obter este resultado de regressão, utilizámos o método da renda ordinária ao quadrado (OLS).

Y = 3,79+41,22X

[2]Onde: b = 41,22, a = 3,79, SE = 0,028, R = 0,1936, T* = 114,55

Grau de liberdade = n- 2 =>5- 3 =3

O valor tabular a 3 graus de liberdade com um nível de significância de 5% é 2,352 e o valor calculado é muito superior ao valor tabular, pelo que rejeitamos H_0 e aceitamos H_1 e concluímos que existe uma relação linear entre o preço e a produção de maçãs. Podemos dizer que um aumento do preço é acompanhado por um aumento da produção de maçãs ou, por outras palavras, que a produção de maçãs depende aproximadamente 20% do preço e 80% de outros factores.

Hipótese II

Existe uma relação direta entre a educação e a produção de maçãs.

Ho : A & B são independentes/não têm qualquer relação

Olá : A & B são interdependentes / existe uma relação

AB = Agricultores formados que produzem entre 100 e 500 caixas = 5

Ab = Agricultores formados que produzem entre 100 e 500 caixas = 27

ab = analfabetos, produção: 500-1000 casos = 13

aB= pessoas analfabetas que produzem 100-500 casos= 5

Frequência observada

	A	a	Total
B	5	5	10
b	27	13	40
Total	32	18	50

Grupos	**para**	**fe**	**(fo-fe)**	**(fo-fe)²**	**(fo-fe) /fe²**
AB	5	6.4	-1.4	1.96	0.306
De	27	25.6	1.4	1.96	0.076
aB	5	3.6	1.4	1.96	0.595
de	13	14.4	-1.4	1.96	0.136
Total					

$$\chi^2 = \Sigma \frac{(fo - fe)^2}{fe} = 1.063$$

Grau de liberdade = (2-1) (2-1) = 1. O valor do qui-quadrado tabelado para 1 grau de liberdade ao nível de significância de 5% é 3,841. Como o valor calculado é inferior ao valor tabelado, aceitamos a hipótese nula e concluímos que não existe qualquer relação entre a educação e a produção de maçãs.

Hipótese III

Existe uma relação direta entre a dimensão da exploração e a produtividade da maçã.

Ho : A & B são independentes/não têm qualquer relação

Olá : A & B são interdependentes / relação linear

	B	b	Total
A	8	5	13
a	25	12	37
Total	33	17	50

Grau de liberdade = (r-1) (c-1), ou seja, (2-1) (2-1) =1. O valor tabular do qui-quadrado para "1" grau de liberdade ao nível de significância de 5% é 3,841. Como o valor calculado é inferior ao valor tabular, aceitamos a hipótese nula e concluímos que não existe uma relação significativa entre a produção e a dimensão da exploração.

Hipótese IV: Relação direta entre a utilização do trabalho e

Produção da Apple.

Ho : A & B são independentes/não têm qualquer relação

Olá : A & B são interdependentes / relação linear

A= Agricultores que trabalham menos de 300 dias= 22

a= agricultores com mais de 300 dias de trabalho= 28

B= agricultores que produzem menos de 500 caixas de maçãs= 8

Grupos	para	Fe	fo-fe)	$(fo-fe)^2$	$^2(fo-fe)/fe$
AB	8	8.58	-0.58	0.3364	0.0392
De	25	24.42	0.58	0.3364	0.0137
aB	5	4.42	0.58	0.3364	0.0761
de	12	12.58	-0.58	0.3364	0.0267
Total					

$$\chi^2 = \Sigma \frac{(fo - fe)^2}{fe} = 0.1557$$

b= agricultores com mais de 300 dias de trabalho= 42

Frequência observada

	B	b	Total
A	6	16	22
a	2	26	28
Total	8	42	50

Grupos	fe	Fe	(fo-fe)	$(fo-fe)^2$	$^2(fo-fe)/fe$
AB	6	3.52	2.48	6.1504	1.74
De	16	18.48	-2.48	6.1504	0.33
aB	2	4.48	-2.48	6.1504	1.37
de	26	23.52	2.48	6.1504	0.26
Total					

$$\chi^2 = \Sigma \frac{(fo - fe)^2}{fe} = 3.70$$

Grau de liberdade = (2-1) (2-1) = 1. O valor do qui-quadrado tabelado para 1 grau de liberdade ao nível de significância de 5% é 3,841. Como o valor calculado é superior ao valor tabelado, rejeitamos a hipótese nula e concluímos que existe uma relação direta entre a utilização da mão de obra e a produção de maçãs.

Conclusão

A economia do distrito de Shopian baseia-se em grande medida na agricultura. De todas as culturas hortícolas, a maçã é a mais fácil de cultivar e a mais rentável devido à natureza montanhosa do país. É a espinha dorsal da economia do distrito e do Estado. Nos últimos anos, a produção e a produtividade da maçã aumentaram no distrito de Shopian. De acordo com o nosso inquérito, é perfeitamente possível aumentar a produção e o rendimento se forem tidos em conta determinados aspectos, como a comercialização da fruta, a irrigação, a utilização de pesticidas e fertilizantes melhorados, etc. Os principais obstáculos à cultura da maçã no distrito de Shopian são os seguintes O serviço de horticultura não controla de perto os campos de macieiras, não informa as pessoas sobre as tecnologias mais recentes e não dá formação aos produtores, o que torna impossível aumentar a produtividade. A situação económica dos produtores foi gravemente afetada pelos baixos preços da maçã, devido ao aumento da oferta de maçã durante a estação alta. Isto deve-se ao facto de não existirem instalações de armazenamento de maçãs no vale e de as pessoas venderem os seus produtos o mais rapidamente possível.

Em suma, o governo tem de avançar e tomar medidas imediatas contra a exploração por parte de intermediários, comissionistas e o fornecimento de pesticidas e fertilizantes falsificados, porque se estes forem controlados, a cultura da maçã no distrito de Shopian sobreviverá.

Nota sobre a hipótese

Os resultados das hipóteses estabelecidas com recurso aos instrumentos estatísticos pertinentes mostram que o preço está diretamente ligado à produção de maçãs no distrito de Shopian, ou seja, se o preço aumenta, a produção de maçãs também aumenta. O preço incentiva os agricultores a optarem por técnicas de produção modernas e, em última análise, a produção de maçãs aumenta. A segunda hipótese afirma que a educação dos agricultores não está relacionada com a produção de maçãs no distrito de Shopian. Por conseguinte, a educação não tem influência significativa na produção de maçãs. A terceira hipótese afirma que existe uma relação direta entre a dimensão da exploração agrícola e a produtividade. O resultado mostra que, à medida que a dimensão da exploração aumenta, a produtividade diminui ou, por outras palavras, que as pequenas explorações agrícolas têm um rendimento mais elevado do que os grandes agricultores, porque os agricultores com pequenas parcelas utilizam todos os factores de produção para obter um rendimento máximo e de forma eficiente. A quarta hipótese afirma que existe uma relação direta entre a mão de obra e a produção de maçãs no distrito de Shopian, ou seja, um aumento ou uma diminuição da mão de obra conduz a um aumento ou a uma diminuição da produção de maçãs.

Capítulo Cinco

Problemas, propostas e conclusões

Problemas: A maçã, uma cultura lendária da Caxemira, é cultivada desde tempos remotos, mas ainda não foi verdadeiramente cultivada no distrito de Shopian. No entanto, existem vários obstáculos e barreiras à propagação e prosperidade desta cultura, tanto a nível nacional como internacional. Os obstáculos e as dificuldades ao longo do caminho são enormes e dispendiosos. Esta famosa cultura é prejudicada tanto pela natureza como pelo homem, e alguns dos problemas que os agricultores enfrentam na produção de maçãs são os seguintes

(1) **Comercialização:** - A ausência de um mercado regulamentado e de uma comercialização cooperativa é um problema bem conhecido dos agricultores. Por esta razão, os agricultores estão à mercê dos intermediários, que recorrem geralmente a várias práticas, tais como a dedução de taxas mais elevadas, o pagamento em prestações, a oferta de um preço inferior ao preço real, a dedução de custos de incorporação, etc. Devido à desorganização do sistema de comercialização com que os agricultores se confrontam, a maior parte dos fruticultores vende as suas colheitas a empreiteiros agrícolas a fio de água. Existe uma longa cadeia de intermediários desde a colheita até ao consumidor final. Estes canais de mercado privam tanto os produtores como os consumidores de uma parte significativa dos lucros.

Este modelo ajuda-nos a compreender a forma como as maçãs são comercializadas no vale de Caxemira.

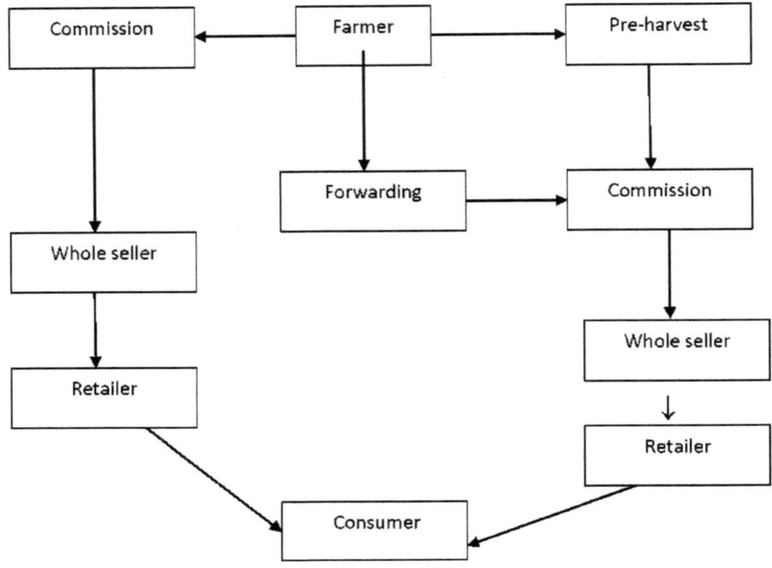

Existe, portanto, uma longa cadeia de exploração, desde o agricultor até ao consumidor final, que suga o sangue dos agricultores pobres. Para que a cultura da maçã se torne uma atividade rentável, é necessário regulamentar o comércio. Uma vez regulamentado o mercado, os lucros dos agricultores aumentarão e, consequentemente, a produção e a produtividade aumentarão através da utilização de tecnologias melhoradas.

(2) **Infra-estruturas** deficientes**:** - As infra-estruturas para a colheita de fruta são deficientes em termos de armazéns frigoríficos, instalações de transporte e estradas pouco fiáveis. Vale **a pena** referir que o governo estatal não conseguiu criar armazéns frigoríficos no vale. Como a estrada entre Srinagar e Jammu não é fiável, os agricultores apressam-se a levar a sua colheita para os mercados finais, aumentando a oferta de fruta quando a procura é baixa, o que, em última análise, conduz a preços mais baixos. Além disso, os agricultores são explorados pelos transportadores porque

não há camiões suficientes disponíveis na época alta.

(3) **Falta de irrigação** - Todas as actividades agrícolas necessitam de água suficiente em diferentes fases do seu crescimento. As macieiras também necessitam de água desde o seu crescimento até ao amadurecimento dos frutos. Devido à natureza montanhosa do distrito, a água está disponível em quantidades suficientes, mas o sistema de captação de água para irrigar os vários campos agrícolas é inadequado. O alerta global afectou todos os cantos do planeta. As chuvas são pouco frequentes e não caem nas condições necessárias, o que teve um impacto negativo na produção desta cultura.

(4) **Falta de financiamento** - A maioria dos produtores de maçã do Estado são produtores marginais e de pequena escala. O aumento dos custos de manutenção dos pomares significa que já não podem investir em melhores tecnologias de produção.

(5) **Falta de pesticidas puros** - Os agricultores enfrentam atualmente o problema de doenças e pragas como a sarna da macieira, a cochonilha de Sanjos, o ácaro vermelho, etc., que constituem uma ameaça para a indústria da maçã. Os agricultores afirmam que os fungicidas e insecticidas disponíveis no mercado não são eficazes nem adequados para resolver o problema. É, pois, opinião generalizada que os pesticidas disponíveis no mercado não são genuínos. As autoridades de controlo são também responsáveis por esta situação desoladora para os produtores de maçã.

(6) A falta de recursos afecta geralmente os pequenos agricultores, que não podem assim investir em melhores tecnologias de produção. É necessário criar cooperativas capazes de responder às necessidades dos agricultores.

(7) Outro problema que os agricultores enfrentam é a falta de maquinaria e equipamento agrícola adequado, como motocultivadores, bombas, tesouras, etc. A maioria dos agricultores do estudo são fruticultores marginais e de pequena escala que não estão em boa situação financeira. A maioria dos agricultores do estudo são fruticultores marginais e de pequena escala que não estão em boa situação financeira. Os agricultores sugeriram que o governo deveria disponibilizar este equipamento a preços subsidiados. As instituições financeiras também deveriam conceder aos agricultores empréstimos a juros baixos para que possam comprar este equipamento.

(8) O Ministério da Horticultura não está a envidar esforços adequados e sérios para transferir conhecimentos técnicos das estações de investigação para os agricultores.

(9) Má gestão das culturas no passado e falta de instalações de transformação.

(10) A propriedade da terra é pequena e fragmentada, o que torna mais difícil e complicada a utilização de novas técnicas de produção na exploração agrícola.

Sugestão

No âmbito do estudo, foram elaboradas as seguintes propostas.

(1) O governo nacional deveria reavivar as sociedades cooperativas de comercialização dos fruticultores e ativar o Horticultural Board e o JKHPMC, a fim de criar melhores oportunidades de comercialização e também eliminar o papel dos intermediários.

(2) Os sistemas de aplicação e controlo devem ser reforçados e

racionalizados para garantir um sistema regulamentado de leilões abertos, práticas comerciais e margens de lucro dos intermediários.

(3) O nível e o conhecimento do mercado devem ser melhorados através do fornecimento de informações adequadas e actualizadas sobre a procura, a oferta e os preços máximos e mínimos das diferentes variedades nos diferentes mercados finais.

(4) É necessário racionalizar os serviços de extensão, a fim de divulgar os conhecimentos técnicos sobre as culturas.

(5) O governo deve tomar medidas para controlar a contrafação de fungicidas e pesticidas no mercado.

(6) Dado que a maçã é um produto perecível, é importante encurtar o tempo entre o fornecimento e a comercialização, graças às ligações aéreas, rodoviárias e ferroviárias a centros de consumo como Deli, Chandigarh, Mumbai, Lack Now e Amritsar, etc.

(7) Devem ser criadas no país infra-estruturas de mercado, sob a forma de entrepostos frigoríficos, para ultrapassar a inundação do mercado.

(8) O governo deve concentrar-se na investigação; a ênfase deve ser colocada na otimização da utilização do solo através do cultivo de maçãs em alta densidade.

(9) O seguro de colheitas deve ser subscrito em caso de catástrofes naturais como a seca, o granizo, etc.

(10) Os custos como a embalagem e o transporte devem ser tidos em conta pelo Comité Técnico ao fixar a dotação financeira para as maçãs.

(11) O processo de financiamento deve ser simples e prático para os agricultores, a fim de o tornar popular entre os produtores de

maçãs.

(12) O Estado deve encorajar o desenvolvimento de uma associação de produtores que possa classificar o produto como categoria de qualidade A, categoria de qualidade B, etc. Isto provou o seu valor no mercado. Esta medida revelou-se um êxito no mercado. As variedades de maçã de qualidade inferior devem ser utilizadas na indústria transformadora, o que, em última análise, aumenta o emprego e as receitas do Estado.

(13) É necessário desenvolver mais viveiros de macieiras no país.

(14) O manuseamento pós-colheita dos frutos deve ser melhorado.

(15) É necessário publicitar os vários programas oferecidos pelo governo. Deste modo, as pessoas poderão informar-se sobre os programas e tirar maior partido dos vários programas governamentais.

(16) O distrito é famoso pelas suas colinas e a natureza forneceu recursos hídricos suficientes, mas os agricultores não podem tirar partido das instalações de irrigação porque não existem bombas de irrigação. O governo deveria assegurar que esse equipamento fosse disponibilizado a uma taxa subsidiada ou gratuitamente. Tal permitiria aumentar a produção de maçãs no distrito.

Conclusão

As maçãs (Malus) desempenham um papel importante na economia do distrito de Shopian, bem como na de J&K. Cerca de 70% da superfície do distrito de Shopian I é utilizada para a cultura da maçã e mais de 70% da população está direta ou indiretamente empregada na cultura da maçã. A maçã representa cerca de 80% do rendimento agrícola total do distrito. Os factores fundamentais que impedem o crescimento incluem uma base de investigação fraca, mecanismos de comercialização desencorajadores, falta de esforços governamentais, falta de irrigação, falta de mão de obra na época alta, etc. Estes factores desempenham um papel fundamental na baixa produtividade das maçãs em Shopian. A estrutura de comercialização, inteiramente sob o controlo de comissionistas e intermediários, é bastante desencorajadora. Verificou-se que, em média, os intermediários recebem cerca de 30% do rendimento total da produção de maçãs, deixando os restantes 70% para os produtores efectivos.

A situação económica dos agricultores desempenha também um papel importante na limitada difusão da cultura, dada a sua especificidade e o facto de quase metade das despesas totais com os factores de produção serem necessárias de uma só vez, ou seja, em março. A maioria dos agricultores, nomeadamente os grupos de baixos rendimentos e os pequenos agricultores, estão em desvantagem no que respeita à obtenção dos factores de produção necessários para a cultura da maçã. O governo pode desempenhar um papel importante na resolução deste problema, fornecendo empréstimos, factores de produção a preços subsidiados e aconselhamento através do departamento competente.

Os resultados acima referidos mostram claramente que Shopian tem um grande potencial de desenvolvimento, mas o que falta é a identificação correta dos recursos apropriados e a sua utilização adequada. A maçã é um fator importante na economia de Shopian e no estatuto económico dos seus produtores. A maçã é o nosso porta-estandarte no mercado internacional, porque é a melhor qualidade do mundo.

Bibliografia

1. Ashebir Dereje, Deckers Tom, et-all (2010): "Growing Apple (Mulus Domestica) em condições climáticas tropicais de montanha no norte da Etiópia" Vol. 46, p-542.

2. Bajpai S. R., (2005): "Methods of Social survey and Investigação" IGNOU, Nova Deli.

3. Bhatt S.C., Bhargara Gopal, (2000): "Pays et gens de Indian States and Union territories", Kalpaz Publications New Delhi.

4. Deodhar Stish Y., Landes Maurice e Krissoff Barry, (2006) : "Prospects of India's Emerging Apple Market", DIANE Publicado por USA.

5. Ferrec, David Curtis, e Warrington Jan J., (2006): "Apple; Botany Production and Uses", CABI Publishing Company, U.K.

6. Hussian Majid. (2006): "Geography of Jammu and Kashmir", th5 Ed. Rajesh Publications, Nova Deli.

7. Jindal K.K., and Sharma R.C., (2004): "Recent Trends in Horticulture in the Himalayas; Integrated Development under the Mission Mode", Indus Publishing Company New Delhi,.

8. Kaw Mushtaq Ahmad, (2007): "Agrarian System of Kashmir", Gulshan Publishers Srinagar.

9. Khan A.R, (2007) : "Geography of J&K", Gulshan. Publicações Srinagar.

10. Kishor D.K, Sharma Satish K., (2004): "Temperate Horticulture; Current Scenario" New India Publishing Company New Delhi,

11. ndKothari C. R., (2008) : "Research Methodology : Methods and techniques" 2 revised Ed. New Age International Pvt. Limited New Delhi.

12. Kumar T. Pradeep, Jyothibhabkar B. e Suma, Satheena K.N., (2008): "Management of Horticultural Crops, Vol.II, Horticultural Science Series", New India Publishing Agency New Delhi.

13. [nd]Methan D. M., (2003): "Managerial Economics: Theory and Applications" 2 ed, Himalaya Publishing House, Mumbai, Delhi, Nagpur, Bangalore.

14. Naqvi S. A. M.H., (2005): "Diseases of Fruits and Vegetables: Diagnosis and Management" Vol.1, Kluwa Academic Publisher, Países Baixos.

15. Prasad Arbind e Prasad Jagdish, (1995): "Indian Agricultural Marketing; Emerging Trends and Perspectives", Miltal Publications New Delhi.

16. Sharma Pradeep, (2005): "A geografia humana (a Economia)". Descobrir a edição.

17. Sing V.B, Sima Akali K. e Alila Pauline, (2006): "Horticulture [st]para um rendimento sustentável e um potencial de emprego Vol. 1, Concept Publishing Company.

Jornais, periódicos e revistas

1. Manual de Estatística 2008-09 Distrito de Shopian.

2. Journal of Environmental Research and Development, vol. 46, abril de 2010.

3. Cultivo de maçã (Mulus Domestica) em TropicalMountain Condições climáticas no norte da Etiópia" Vol. 46, p-542

4. Greater Kashmir Daily, 26 de abril de 2010.

5. Greater Kashmir Daily 23 de maio de 2011.

6. The Hindu, 10 de maio de 2010.

Sítio Web

1. www.fruitnet.com/content.aspx

2. www.theindian.com

3. www.telegraphindia.com/109114/jsp

4. www.kashmirlive.com/71390.html

5. www.kashmirfourm.org

6. www.tribuneindia.com/j&k.html

7. www.monstersandcritics.com/news/in

Printed by Books on Demand GmbH, Norderstedt / Germany